AF298891

ESSAI
CHIMIQUE ET TECHNOLOGIQUE

SUR LE

POLYGONUM TINCTORIUM

Par M. J. Girardin

Professeur de chimie à l'École municipale
et à l'École d'agriculture et d'économie rurale de Rouen,
membre de la Société royale et
centrale d'agriculture et de la Société d'encouragement de
Paris, de l'Académie royale des sciences et de
la Société d'agriculture de Rouen, etc.

ET

M. F. Preisser

Professeur de chimie et de physique à l'École normale
membre de l'Académie royale des sciences de Rouen,
de la Société d'agriculture de l'Eure,
de l'Association normande, etc.

ROUEN

IMPRIMERIE DE NICÉTAS PERIAUX

RUE DE LA VICOMTÉ, 55

—

1840

Ce Mémoire, dont une partie a été lue dans la Séance publique de la Société centrale d'agriculture de Rouen, le 28 novembre 1839, a été adressé en entier à la Société de pharmacie de Paris, qui avait mis en concours les questions suivantes :

« 1° Déterminer quels sont les corps qui entrent dans la composition du *Polygonum tinctorium*.

« 2° Déterminer la proportion exacte d'indigotine contenue dans ce végétal, et dire dans quel état elle s'y trouve.

« 3° Indiquer un procédé d'extraction de la matière colorante qui puisse être employé avec avantage, et qui fournisse un produit comparable aux meilleures espèces d'indigo du commerce. »

Dans la Séance du 1ᵉʳ avril 1840 la Société de pharmacie a décerné un PRIX consistant en une MÉDAILLE D'OR DE LA VALEUR DE 400 FRANCS aux auteurs du Mémoire n° 5, qui avait pour épigraphe :

> Les expériences sont inutiles, à moins qu'elles n'aient pour objet quelque usage nécessaire à la vie, ou qu'elles ne tendent à établir des axiómes ou des règles qui puissent servir à perfectionner nos connaissances et étendre notre pouvoir sur les ouvrages de la nature.
>
> SHAW, *Leçons de chimie.*

Voir le *Rapport de la Commission des prix*, inséré dans le cahier de mai, page 274 du *Journal de Pharmacie et des Sciences accessoires.*

Ce Mémoire fait partie du LXXVIe cahier des Travaux de la Société centrale d'agriculture du département de la Seine-Inférieure, trimestre de janvier 1840, p. 18.

ESSAI

CHIMIQUE ET TECHNOLOGIQUE

SUR LE

POLYGONUM TINCTORIUM,

Par M. J. GIRARDIN,
Professeur de chimie à l'École municipale de Rouen, etc.

ET

M. A. PREISSER,
Professeur de chimie et de physique à l'École normale
de Rouen, etc.

> Les expériences sont inutiles, à moins qu'elles
> n'aient pour objet quelque usage nécessaire
> à la vie, ou qu'elles ne tendent à établir des
> axiómes ou des règles qui puissent servir à
> perfectionner nos connaissances et étendre
> notre pouvoir sur les ouvrages de la nature.
> SHAW, *Leçons de chimie.*

Au commencement de 1839, l'un de nous, M. J. Girardin,
appela l'attention de la Société d'agriculture sur le *Polygonum
tinctorium*, plante tinctoriale de la Chine, récemment intro-
duite en France, et devenue l'objet des essais de plusieurs agronomes du Midi et des environs de Paris [1]. Après avoir exposé
les avantages qui résulteraient de la propagation du *Poly-*

---

[1] J. Girardin, sur le *Polygonum tinctorium*, note lue à la Société
centrale d'agriculture, le 14 février 1839, et insérée dans le Re-
cueil des travaux de la Société, 71e cahier, trim. d'octobre, p. 198.

gonum dans nos campagnes, sa culture devant nous donner, sans aucun doute, les moyens de réduire les importations d'une matière aussi coûteuse que l'indigo, M. J. Girardin crut devoir proposer de tenter des essais en grand, et de distribuer, à cet effet, des graines de cette plante à tous les membres de la Société et à ceux des propriétaires du département qui voudraient prendre part à cette patriotique entreprise. Une seule condition devait être imposée à ceux qui recevraient de la graine, c'était l'obligation de livrer la récolte des feuilles à l'École de chimie, pour qu'on pût déterminer le rendement en indigo, et procéder, avec la matière colorante obtenue, à des essais de teinture.

La Société d'agriculture ayant accueilli avec faveur cette proposition de M. Girardin, 1500 grammes de graines de *Polygonum* ont été répartis, dès le mois de mars, par les soins de M. Lebret, trésorier de la Société, entre une trentaine d'agronomes et de propriétaires. Les cultures ont été faites dans des sols très variés et dans des localités très diverses aux environs de Rouen. Dix-sept personnes nous ont envoyé successivement le produit de leurs récoltes en feuilles. C'est sur ces feuilles, cueillies à toutes les époques de la végétation, que nous avons opéré, depuis le mois de juin jusqu'en novembre. Nous allons faire connaître, le plus brièvement possible, et nos expériences et nos observations à cet égard. Nous nous plaisons à déclarer, tout d'abord, que nous avons été activement secondés dans nos laborieuses recherches, par le préparateur de nos cours à l'École municipale, M. Augendre.

§ 1. Procédés d'extraction. — Culture.

Et d'abord, relativement aux procédés d'extraction de

l indigo, nous dirons que nous avons, en premier lieu, expérimenté d'après le procédé de *la fermentation* ou *des Colonies*,
qui consiste à faire infuser les feuilles dans leur poids d'eau élevée à la température de $+$ 30°, à abandonner cette infusion
à elle-même jusqu'à ce que la surface du liquide se recouvre
d'écume d'un bleu irisé, à décanter le liquide fortement coloré en brun, à exprimer les feuilles, puis à battre les liqueurs réunies au contact de l'air, jusqu'à ce que l'écume
qui se produit par l'agitation et les transvasements, passe de
la couleur blanche à une belle couleur bleue. Alors on ajoute,
dans les liqueurs, 1/10ᵉ environ de leur volume d'eau de
chaux; on les bat ou on les agite de nouveau pendant une
demi-heure à peu près; puis on laisse reposer, jusqu'à
ce que toute la matière colorante qui nage en petits flocons
au sein de la masse liquide, se soit entièrement déposée. On
décante avec précaution, et l'indigo qui est au fond des vases
est mis en contact avec de l'eau aiguisée d'acide hydrochlorique pour le dépouiller de la chaux qu'il contient en mélange. Après quelques heures de contact, on décante le liquide surnageant, on lave bien l'indigo à l'eau pure, et on
le fait sécher.

Ce procédé est fort long et fort pénible à exécuter, en
raison des battages qu'il faut faire subir au liquide fermenté.
Il ne nous a fourni qu'un indigo très chargé de matière colorante verte, et, par conséquent, d'un aspect d'un brun verdâtre. Le produit obtenu nous a paru si inférieur, sous le
rapport de la qualité, que nous avons cru devoir recourir à
d'autres moyens d'extraction.

Nous avons essayé, surtout, celui qui a été recommandé
par M. Baudrimont. Voici en quoi il consiste : On recouvre
les feuilles d'eau bouillante; on laisse infuser pendant douze

heures ; on soutire et on fait successivement deux autres infusions dont les liquides sont réunis au produit de la première. On y ajoute alors 1/100e à peu près du poids des feuilles d'acide sulfurique ; on agite pendant dix minutes et on laisse reposer dans un vase à large surface. La liqueur, qui ne tarde pas à présenter à sa surface une pellicule bleue très intense, est complètement éclaircie au bout de vingt-quatre heures ; on la décante et on recueille l'indigo sur un filtre. On le fait ensuite sécher à 50°.

Ce procédé, comme on le voit, est beaucoup plus expéditif et plus commode, à tous égards, que celui des Colonies. L'indigo qu'il fournit contient encore beaucoup de matière verte ; mais, en somme, il est moins impur et d'un aspect préférable à celui qui est extrait par le battage et l'eau de chaux, surtout si, après l'avoir recueilli humide sur un filtre, on le lave à plusieurs reprises, ainsi que nous l'avons fait, avec de l'eau bouillante légèrement alcalisée.

Nous nous sommes assurés que deux infusions dans de l'eau à 80° suffisent. La troisième infusion n'enlève plus rien aux feuilles ; car, traitée séparément par l'acide sulfurique, elle n'abandonne aucune trace d'indigo. — Nous avons également constaté que la meilleure proportion d'acide à employer est 1/100e à 1/100 1/2 du poids des feuilles ; une plus forte quantité d'acide diminue le produit en indigo.

L'indigo, extrait par le moyen de l'acide sulfurique, est d'un beau bleu, tant qu'il est humide ; mais, par la dessiccation, il devient brun, pesant et compacte. Nous avons substitué l'acide hydrochlorique à l'acide sulfurique, et nous avons obtenu un produit bien préférable, tant sous le rapport de la nuance que sous celui de la légèreté. Enfin, en variant

(5)

nos essais, nous avons reconnu que si, après avoir addi-
tionné les liqueurs d'acide hydrochlorique, on les passe
immédiatement à travers un linge clair, il reste sur ce linge
une matière albumineuse très abondante, mêlée de matière
verte, et le liquide filtré, étant agité ensuite pendant dix minutes ou même abandonné au repos, fournit un indigo d'un
beau bleu, qui, par la dessiccation spontanée, conserve une
très belle nuance, prend le cuivré par le frottement, et
offre une légèreté comparable à celle des indigos Bengale
les plus estimés. Cet indigo n'a besoin de recevoir aucune
purification, et peut être livré immédiatement au commerce.

Une autre remarque, non moins importante, que nous
avons faite, c'est qu'en prolongeant les infusions pendant
douze heures et au-delà, on perd une partie de l'indigo
contenu dans les feuilles, et voici pourquoi. L'indigo, dans
les feuilles vertes du polygonum, existe à l'état incolore;
l'eau chaude qu'on verse sur ces feuilles, l'isole peu à peu
des autres principes qui l'accompagnent et le dissout presque
en totalité. En moins de deux heures cet effet est produit.
Si le contact de l'eau et des feuilles dure plus long-temps,
l'indigo incolore, qui est en solution, absorbe de l'oxigène
à l'air, passe peu à peu à l'état d'indigo bleu insoluble, et
se précipite dès-lors sur la partie ligneuse des feuilles où il
adhère très fortement; et, ce qui le prouve assez, c'est que
les feuilles, après la deuxième infusion, sont colorées en
bleu, et que des infusions subséquentes ne peuvent leur enlever cette teinte; les lavages, au contraire, ne servent qu'à
fixer de plus en plus sur le tissu végétal la matière colorante.
Il y a donc déperdition assez considérable de matière bleue
dans le procédé par infusions de douze heures, ainsi que
l'a recommandé M. Baudrimont.

Pour obvier à ce grave inconvénient, il faut, ou ne prolonger les infusions que pendant deux heures, ou laisser les feuilles assez de temps dans l'eau pour que la fermentation puisse se développer, comme dans le procédé des colonies ; car, alors, par suite de cette fermentation, l'indigo qui a pu se précipiter à l'état bleu sur les feuilles ou dans le fond des cuves, se désoxigène, redevient incolore, et par conséquent soluble. En soutirant les liqueurs, après ou pendant cette fermentation, on enlève toute la matière colorante, que l'acide hydrochlorique précipite ensuite à l'état bleu.

En définitive, voici donc le procédé que nous recommandons comme le plus commode et le plus avantageux, sous le double rapport de la quantité et de la bonté du produit :

Mettre les feuilles dans un cuvier long et étroit, portant à sa partie inférieure un robinet. Verser par-dessus de l'eau à 3o°, dans la proportion de trois fois environ le poids des feuilles. Recouvrir celles-ci d'une claie en osier, pour qu'elles restent complètement immergées dans le liquide, et abandonner l'opération à elle-même, jusqu'à ce que l'eau ait acquis une teinte verdâtre, et que sa surface présente de belles écumes irisées. Soutirer rapidement le liquide, en comprimant peu à peu les feuilles, et verser immédiatement $1/100^e$ à $1/100^e$ $1/2$ d'acide hydrochlorique. Passer, au bout de deux minutes, le liquide à travers une toile peu serrée, pour isoler les matières verte et albumineuse qui nagent en flocons verdâtres au sein du liquide acidulé ; agiter le liquide filtré pendant environ dix à quinze minutes, à plusieurs reprises différentes, pour réoxigéner l'indigo dissous, et l'abandonner enfin au repos pendant vingt-quatre heures. L'indigo qu'on trouvera au fond des vases sera jeté sur un filtre, lavé à l'eau bouillante légèrement alcalisée, puis desséché à une température de 40 à 50°. Il sera d'une très belle nuance, excessivement léger, et pourra être immédiatement livré au commerce.

Disons maintenant comment nous avons organisé nos essais chimiques sur le polygonum. Nous avons opéré séparément sur chaque lot de feuilles vertes qui nous a été envoyé, quelque minime qu'il fût, en tenant note de tout ce qui avait rapport à chaque traitement isolé. De cette manière, nous avons pu apprécier, au moins pour cette année, la part d'influence que la nature du sol, l'âge de la plante, le mode d'extraction, peuvent exercer sur le rendement en indigo. Nous avons consigné le détail de toutes nos expériences dans un journal de laboratoire, dont nous allons donner ici un extrait. Nous avons joint à nos observations les renseignements qui nous ont été fournis par chacune des personnes qui ont cultivé le polygonum, et sur la récolte desquelles nous avons expérimenté.

NOMS des PERSONNES.	LIEUX de CULTURE.	NATURE du SOL	MODE DE CULTURE.
A. M. DUBREUIL fils.	Jardin Botanique de Rouen.	Terre de jardin.	Au 12 avril, on a semé en place, par lignes distantes de 48 centim.; la même distance existait entre chaque plante sur la ligne. Vers le 10 mai, le Polygonum commença à germer. Dans les premiers jours d'octobre, il était en pleines fleurs, et, au commencement de novembre, on a récolté de très bonnes graines. On a fait une seule récolte de feuilles, vers le mois d'août. Ce Polygonum a reçu un binage lorsque les plantes avaient 54 millim. de haut, puis ensuite 2 buttages. Le sol était une terre de jardin.

Dans les premiers jours de mai, on a semé du Polygonum sur couche; vers la fin du même mois, le plant avait alors 10 centim. de haut; on le repiqua en terre de jardin; quinze jours après on lui donna un premier buttage, et on répéta cette opération vers le 15 juillet. Dans les premiers jours d'août, les plantes se touchaient presque, bien qu'elles fussent à la distance de 48 centim., et elles avaient environ 64 centim. d'élévation. Quoique fortes, les plantes étaient un peu moins vigoureuses que celles semées en place; leurs feuilles étaient un peu moins grandes. A cette époque, on fit une première récolte; on coupa tout, excepté deux ou trois feuilles au sommet de chaque branche. Un mois après, les plantes ayant environ 97 centim. d'élévation, on fit une seconde récolte, aussi abondante que la première; alors les boutons à fleurs commençaient à poindre; au mois d'octobre, de nouvelles feuilles avaient en partie remplacé les précédentes, et toutes les plantes étaient en fleur. Au mois de novembre, on a pu faire une récolte très abondante de graines.

M. Dubreuil pense, sauf le résultat d'un essai en grand, qu'il y aurait avantage à semer en place au lieu de repiquer.

ÉPOQUE de la vraison.	QUANTITÉ en grammes	ÉTAT des FEUILLES.	PROCÉDÉS SUIVIS.	OBSERVATIONS.	Quantité D'INDIGO obtenu.	Quantité D'INDIGO pour 1000.
juillet.	1.856	Larges et bien saines.	Procédé des Colonies.	On a partagé l'envoi en deux parties égales. Le premier lot, pesant 928 gr. et marqué A, a été traité par le procédé des Colonies, en laissant les feuilles entières. Le deuxième lot, du même poids et marqué B, a été fortement contusé dans un mortier. On voulait savoir s'il était indifférent d'employer les feuilles entières ou brisées. On a obtenu du lot A... On a obtenu du lot B...	14,2 13,8	16,37 14,86

NOMS des PERSONNES.	LIEUX de CULTURE.	NATURE du SOL.	MODE DE CULTURE.
M. GRAINVILLE.	Centre de la plaine de Sotteville	Sable bien fumé.	On a semé en mars, sur couche tiède et sou[s] cloches ; les semences ont levé très prompte[-]ment et le plant a poussé avec activité jusqu'e[n] avril ; à cette époque, on fut obligé de donn[er] de l'air aux cloches pour y habituer peu à pe[u] le jeune plant qui, sans cette précaution, se sera[it] étiolé ; du 15 au 20 avril, on fit mettre en pé[-]pinière le plant, qui ne tarda pas à prendre o[s] corps ; il fut mis en place à 48 centim. d'éca[r-]tement en tous sens, au commencement de jui[n] dans une terre sableuse, mais bien préparée [et] améliorée par un terreau bien consommé ; [en] juillet, le Polygonum, devenu très vigoureu[x] couvrait ce terrain ; à cette époque, il souffri[t] beaucoup des *mans;* le poids des rameaux et d[es] feuilles faisait verser les plantes à l'opposé [du] vent, et quelques rameaux se trouvèrent rompu[s.] Pour éviter ce désagrément, M. Grainville pen[sa] qu'en buttant ces plantes de 8 centim. enviro[n] de terre rapportée, il protègerait les rameau[x.] Ses prévisions ont été réalisées ; les plantes se so[nt] très bien tenues sans casser, et ont acquis u[ne] nouvelle vigueur ; des arrosemens fréquents le[ur] furent donnés, et, vers la fin d'août, les épis [et] fleurs se sont présentés avec une telle abo[n-]dance, « que mon carré, dit M. Grainville, ét[ait] « admirable, au point que, quand on n'aur[ait] « pas l'avantage de tirer du Polygonum une su[b-] « stance utile, l'agrément que cette plante pr[é-] « sente par ses fleurs, pourrait la faire admett[re] « comme plante d'ornement, attendu qu'e[lle] « peut former de jolies corbeilles en août [et] « septembre. »

En octobre, le brillant de ces fleurs a chang[é] en une couleur plus terne, par la défloraison [des] premières qui ont disparu, pour faire place [à]

ÉPOQUE de la livraison.	QUANTITÉ en grammes.	ÉTAT des FEUILLES.	PROCÉDÉS suivis.	OBSERVATIONS.	Quantité D'INDIGO obtenu.	Quantité D'INDIGO pour 1000.
uillet.	3,000.	Feuilles larges, bien développées, très saines.	La moitié de l'envoi ou 1500 g. a été traitée par le procédé des Colonies.	La première partie de l'envoi , traité par le procédé des Colonies, a donné en indigo	22,0	14,66
			L'autre moitié de 1500 gr. a été traitée par le procédé de M. Baudrimont.	La deuxième portion, traitée par le procédé de M. Baudrimont, a fourni en indigo..................	15,3	10.13
envoi. août.	3,622.	Feuilles un peu meurtries	Procédé de M. Baudrimont.	....	31,8	8,77
envoi. août.	2,788.	Feuilles bien choisies.	Procédé de M. Baudrimont.	....	25,2	9,03
envoi. sept.	3,779.	Très belles Feuilles.	Procédé de M. Baudrimont.	....	25,1	6,64

NOMS des PERSONNES.	LIEUX de CULTURE.	NATURE du SOL.	MODE DE CULTURE.
			fructification et à la formation des graines qui sont en abondance.
			M. Grainville ne nous ayant envoyé que moitié de sa récolte, on peut évaluer celle-ci 26 kil. 378 gr. sur 240 pieds carrés, ou 25 mètres carrés 52 décim. c.
			M. Grainville porte sa dépense de 8 à 10 f. pour tous frais.
			D'où il suit qu'un hectare de Polygonum donnerait 10,417 kil. de feuilles, soit en nombre rond 10,000 kil. et que la culture reviendrait 3,159 fr., chiffre énorme qui sera certainement moindre lorsqu'on établira le prix de revient d'après un essai fait sur une plus grande échelle.
M. Curmer.	Saint-Martin de Boscherville.	Sol sableux, fortement fumé (potager) — Sol tourbeux bien fumé (prairie)	On a cultivé sur 4 mètres dans le *potager* et sur 6 mètres dans la *prairie*. On a semé sur couches en mars et on a repiqué dans les 2 sols à 64 centim. de distance. On a fortement butté ou rehaussé les rangées, et cette opération, d'après M. Curmer, sera indispensable pour la culture en grand, le polygonum étant très cassant. La fleur a commencé à paraître en juillet ; elle a duré jusqu'en novembre. La graine ne mûrira pas. Suivant M. Curmer, la culture en grand, sauf la mise en pépinière, devrait être celle des haricots. La plus grande, ou pour mieux dire la seule difficulté devrait être dans le besoin d'obtenir les plantes de bonne heure, ce qui est facile dans un jardin et très difficile en grand.

ÉPOQUE de la saison.	QUANTITÉ en grammes.	ÉTAT des FEUILLES.	PROCÉDÉS suivis.	OBSERVATIONS.	Quantité d'indigo obtenu.	Quantité d'indigo pour 1000
9 juin.	220	Tiges et feuilles abattues par l'orage; lu sieurs des feuilles sont tachetées de bleu.	On a opéré séparément sur les tiges et sur les feuilles, par le procédé indien. Les tiges pesaient 110 gr., elles étaient colorées en rouge.	L'eau qui a servi à la fermentation des tiges n'a pas donné de traces d'indigo. Celle qui provient de la fermentation des feuilles n'a donné, par le traitement de l'eau de chaux, qu'un précipité jaunâtre ne ressemblant en rien à l'indigo. La température était de $+$ 15° c. On a li sé le dépôt et l'eau qui le recouvrait en contact avec l'air pendant les jours suivants. Tant que la température est restée stationnaire, on n'a observé aucun changement de coloration. Mais, 5 jours après, le thermomètre marquant 25°, la liqueur s'est		

NOMS des PERSONNES.	LIEUX de CULTURE.	NATURE du SOL.	MODE DE CULTURE.

ÉPOQUE e la ...aison.	QUANTITÉ en grammes.	ÉTAT des FEUILLES.	PROCÉDÉS suivis.	OBSERVATIONS.	Quantité D'INDIGO obtenu.	Quantité D'INDIGO pour 1000.
			Les feuilles pesaient également 110 gr.	recouvert d'écumes bleues, et le dépôt de jaune est devenu bleu verdâtre. On l'a recueilli et lavé à l'acide hydrochlorique, pour séparer la chaux qu'il contient. Il a donné un indigo d'une mauvaise nuance. Le produit était si faible, qu'on a négligé d'en prendre le poids.		
envoi. uillet.	Échantillon C provenant du potager d'en haut 1,504.	Belles feuilles.	Procédé de M. Baudrimont.	L'indigo provenant de la liqueur C pèse............	16,5	10,97
	Échantillon D provenant de la prairie 1,196.	Feuilles bien saines.	Procédé de M. Baudrimont.	L'indigo provenant de la liqueur D pèse............	25,0	20,90
envoi. octob.	1er Lot, Potager, 5,000.	Feuilles belles et entières.	Procédé de M. Baudrimont.	Le premier lot, ou du potager a donné une quantité d'indigo représentée par..	26,6	5,32
	2e Lot, Prairie, 4,000.			Le deuxième lot ou de la prairie a fourni..........	23,4	5,85

NOMS des PERSONNES.	LIEUX de CULTURE.	NATURE du SOL.	MODE DE CULTURE.
M. BOURGEOIS.	Blosseville-Bonsecours.	Terrain argileux et froid.	On a semé en pots et sous châssis le 15 avril. On a repiqué le 5 juin au piquet, à la distance de 64 centim. sur tous sens. Les jeunes plants avaient 4 à 6 feuilles ; les plus jeunes en boutons, se sont beaucoup mieux développés et plus promptement que les plus forts. Le terrain, à usage de verger, a été labouré et fumé comme à l'ordinaire. La floraison a eu lieu en août. La graine ne mûrira pas, en raison du froid et de l'humidité du terrain. Les plants sont encore très vigoureux au 18 novembre. La surface plantée en Polygonum était de 9 mètres de longueur sur 5 mètres de large. Les plants étaient sur 4 rangs, composés chacun de 55 plants. Une partie du terrain était ombragée par des pommiers. Le produit en feuilles a été de 23 kil. 190 gr. Il peut y avoir encore à cueillir environ 7 kil. 500 gr., ce qui donnerait en total 30 kil. 690 gr. M. Bourgeois estime ainsi le prix de revient : Labour . . . . 5 fr. Fumier . . . . 2 Plantation . . . . . . 1 50 Binage et chaussage. . 1 50 Cueillette des feuilles . 5 11 fr., non compris le loyer du terrain.

ÉPOQUE de la saison.	QUANTITÉ en grammes.	ÉTAT des FEUILLES.	PROCÉDÉS suivis.	OBSERVATIONS.	Quantité D'INDIGO obtenu.	Quantité D'INDIGO pour 1000.
uillet.	2190, sur lesquels on a prélevé 500 gr. pour faire dessécher	Quelques pieds étaient en fleurs, les autres étaient beaucoup moins avancés.	Procédé de M. Baudrimont.	La proportion qu'emploie M. Baudrimont est de un centième environ du poids des feuilles en acide sulfurique. Ayant dépassé ce poids pour observer les résultats, ayant mis 200 gr. d'acide pour précipiter les eaux de macération provenant du traitement de 2190 gr. de feuilles, il en résulta, d'une part, que l'acide a attaqué le vernis des terrines dans lesquelles on opérait et a chargé l'indigo obtenu d'une grande quantité de sulfate de plomb. Aussi pesait-il, après qu'il fut recueilli, lavé et séché, Ce n'était du reste qu'une masse grisâtre, pesante, au milieu de laquelle étaient dissiminées des parcelles d'indigo. En outre, cet excès d'acide a retenu en dissolution un peu d'indigo. Pour l'en séparer, on a neutralisé la liqueur claire par du carbonate de soude, et on a de nouveau précipité par l'acide hydrochlorique. L'indigo ainsi obtenu pesait...	45,2 3,2	25,05
e envoi 3 août.	10,000	Belles feuilles.	Même procédé.	. . . .	45,6	4,56
ne envoi 6 sept.	11,000 sur lesquels on a prélevé 6,000 gr pour faire dessécher	Assez belles feuilles.	Même procédé.	. . . .	16,0	30

NOMS des PERSONNES.	LIEUX de CULTURE.	NATURE du SOL.	MODE DE CULTURE.
M. Lebret.	Saint-Georges de Boscher-ville.	Terrains sableux et frais.	On a semé vers les premiers jours d'avri[l] dans une terre où le sable dominait, à l'exposition du midi et contre un mur assez élevé. L[e] plant ayant acquis 4 à 6 centim. d'élévation, o[n] le transporta dans un terrain sableux passable[ment] humide et chargé d'humus. La végétation fut forte et vigoureuse dans les premiers temp[s.] Malheureusement, la commune de St.-George[s] eut à souffrir des mans ou vers blancs, et le po[ly]gonum en souffrit beaucoup. La fleur par[ut] de très bonne heure aux 450 à 500 pieds qu[e] M. Lebret a cultivés dans son jardin. M. Lebret dit avoir remarqué qu'un terra[in] sableux frais et humide à bonne expositi[on] convient préférablement à tout autre pour [la] culture du Polygonum.
M. Belot.	Rouen, rue du Renard.	Sol de remblai, argileux.	On a semé en mai, partie sur couche chau[de] avec cloche, partie sur couche tiède, sans abr[i;] on a repiqué en place en juin. Bientôt il n'a p[lus] été possible de reconnaître les pieds élevés s[ous] le vitrage ; les plantes n'ont été arrosées ap[rès] le repiquage que jusqu'à la reprise ; le terr[ain] où le Polygonum a été cultivé n'a pas été fu[mé] cette année ; l'an dernier, il a produit des [cé]reaux, après une fumure convenable, en fum[ier] de cheval ; le fond du sol est de la craie as[sez] dure : dessus il existe 2 pieds environ de terr[e de] remblai. Dans les temps de sécheresse, ce[la] durcit beaucoup et se crevasse à la surface ; l[ors] qu'il pleut, il se pétrit comme de l'argile.

ÉPOQUE e la aison.	QUANTITÉ en grammes.	ÉTAT des FEUILLES.	PROCÉDÉS suivis.	OBSERVATIONS.	Quantité D'INDIGO obtenu.	Quantité D'INDIGO pour 1000.
août	1,948	Feuilles larges, bien nourries, assez égales dans leur dimension.	Procédé de M. Baudrimont.	L'indigo obtenu pèse....	26,4	13,55
envoi août	3,063	Tiges et feuilles fanées et meurtries.	Même procédé.	....	25,5	8,32
envoi août	2,692	Feuilles assez belles.	Même procédé.	....	17,5	6,50
août	1,064	Feuilles assez belles.	Même procédé.	....	15,0	14,09
envoi ctobre	4,250	Belles feuilles.	Même procédé.	....	15,4	3,62

NOMS des PERSONNES.	LIEUX de CULTURE.	NATURE du SOL.	MODE DE CULTURE.
			Le produit en feuilles, indiqué ci-contre, provient de 120 pieds ; on aurait pu avoir une 3e cuillette de feuilles en novembre.
			Tant qu'il a fait sec, les plantes ont végété ; mais aussitôt que les pluies ont imbibé la terre, elles ont pris une grande vigueur ; presque toutes les branches rompues, ou ayant contact avec le sol, y ont pris racine à la manière du lierre ; des boutures ont parfaitement réussi. La multiplication par boutures serait très avantageuse, attendu que la récolte des feuilles ne peut avoir lieu que lorsque les plantes ont pris leur développement, et qu'avec une branche on obtient de suite une belle tige.
M. BAROCHE fils.	Ste Barbe sur Gaillon (Eure).	Terrain compacte et très argileux.	On a semé en mai, sur terreau, et on a repiqué en juin, à deux expositions différentes, l'une au midi, à l'abri des vents du nord par un mur, l'autre à tous vents, dans une terre qu'on appelle dans le pays, *vive terre*, mélangée à glaise, qu'on trouve à 64 centim. de profondeur. Ce sol se crevasse à la chaleur ; il est d'un labour très-difficile et contraire à toute plante délicate. Ce terrain avait été préparé aussi soigneusement qu'on peut le faire en grande culture, c'est-à-dire bien fumé et bien labouré.
			Le plant, une fois repiqué dans ce sol ingrat, a été abandonné à lui-même ; il n'a reçu aucun arrosement, ni binage, ni buttage ; ce dernier soin convient cependant à cette plante, car le collet est garni d'une foule d'yeux qui donnent racine ; aussi le moindre buttage communique à la plante une grande vigueur.

ÉPOQUE de la vraison	QUANTITÉ en grammes.	ÉTAT des FEUILLES.	PROCÉDÉS suivis.	OBSERVATIONS.	Quantité D'INDIGO obtenu.	Quantité D'INDIGO pour 1000.
août.	320	Très belles feuilles.	Procédé de M. Baudrimout.	....	7,2	22,50

NOMS des PERSONNES.	LIEUX de CULTURE.	NATURE du SOL.	MODE DE CULTURE.
			Les plantes ont atteint la hauteur de 80 centim. Elles sont vigoureuses; tige brune, feuilles bien vertes, tachetées de bleu à la moindre atteinte des insectes; 4 branches mères à chaque pied. La floraison a eu lieu à la fin de juillet. Quelques graines rares sont en maturité. Les premières gelées n'ont pas altéré la plante ni ses fleurs. 40 pieds n'ont fourni, à la 1re cueillette, que 500 gr. de feuilles. « C'est, je le sais, dit M. Baroche le dixième seulement des récoltes des autres cultivateurs; mais aussi quelle différence entre la nature des terrains et les soins de la culture ! » M. Baroche estime ainsi les frais de culture pour 1 hectare : 2 labours à 20 fr. . . . . 40 fr. engrais . . . . 80 binage } buttage } faits par des femmes, 30 ———— 150 fr. Il y a encore la plantation et la cueillette des feuilles', dont M. Baroche ne peut donner le prix. En ne faisant pas rapporter graine à cette plante, on ne fatigue pas le sol, et on pourrait l'ensemencer en blé, à la fin de novembre, après un seul labour. Ce serait une économie de plus de moitié sur cette récolte; elle pourrait se faire à la place des jachères, et on mettrait du blé dessus. « En résumé, dit M. Baroche, 1o Cette plante n'est nullement délicate, et peut venir en tout terrain et en grande culture, puisque les arrosements ne sont pas nécessaires; 2o Cultivée comme plante sarclée, buttée et

ÉPOQUE de la raison.	QUANTITÉ en grammes	ÉTAT des FEUILLES.	PROCÉDÉS suivis.	OBSERVATIONS.	Quantité D'INDIGO obtenu.	Quantité D'INDIGO pour 1000.

ÉPOQUE de la raison.	QUANTITÉ en grammes	ÉTAT des FEUILLES.	PROCÉDÉS suivis.	OBSERVATIONS.	Quantité D'INDIGO obtenu.	Quantité D'INDIGO pour 1000.

NOMS des PERSONNES.	LIEUX de CULTURE	NATURE du SOL.	MODE DE CULTURE.
			binée, elle devrait donner 6 fois ce que j'ai obtenu. Ainsi : 40 pieds donneraient, en 1re cueillette, 3 kil. de feuilles. Je suppose qu'on peut en obtenir 3 récoltes semblables, ce qui donne 9 kil. pour 40 pieds, les pieds plantés à 56 centim. les uns des autres. » M. Baroche s'étant absenté pendant le mois de septembre, on n'a pu faire de seconde récolte de feuilles.
M. DELALONDE DU THIL.	Claville-Motteville.		On a cultivé dans 5 terres différentes. On a semé au commencement de mai, à l'abri des grands froids, mais sans le secours de couches et de châssis, pour imiter la culture en grand. Les graines ont bien levé, mais on ne les a préservées des insectes qu'en semant des cendres sur les jeunes plantes. Le Polygonum avait environ 2 centim. de hauteur, lorsqu'il fut surpris, le 17 mai, par la gelée et la neige ; il resta sans abri et ne souffrit nullement. Quelque temps après il fut repiqué. « Je pense, dit M. Delalonde, que cette plante aime beaucoup les terrains nouvellement engraissés ; qu'elle tient essentiellement au stimulant qui n'existe pas dans les terres plus anciennement fumées, telles grasses qu'elles soient ; que le fumier de mouton doit être préféré à tout autre. Cette plante est rustique, elle aime l'humidité, ce qui fait que le terrain léger, qui paraît lui convenir dans la petite

ÉPOQUE de la livraison	QUANTITÉ en grammes.	ÉTAT des FEUILLES.	PROCÉDÉS suivis.	OBSERVATIONS.	Quantité D'INDIGO obtenu.	Quantité D'INDIGO pour 1000.
août.	4,000	Très belles feuilles.	Procédé de M. Baudrimont.	....	27,2	6,80
envoi, 8 sept.	8,000	Très belles feuilles.	Même procédé.	....	25,2	3,15
envoi.	7,500	Belles feuilles.	Précipitation par l'acide chlorhydrique et séparation de l'albumine.	....	10,4	1,38

NOMS des PERSONNES.	LIEUX de CULTURE	NATURE du SOL.	MODE DE CULTURE.

			culture et auquel on donne des soins particuliers, ne présenterait pas de chances de succès dans la grande culture. La terre forte et bien amendée me paraît lui convenir beaucoup mieux. L'hectare ne peut contenir que 50,000 pieds de Polygonum, car cette plante étant fragile, il faut que les pieds soient écartés les uns des autres pour la cueillette des feuilles. »
			
			« On doit planter à la rigole et à la main, en temps humide. Lorsque les plantes commencent à donner des branches horizontales, il faut les sarcler et les motter. Cette opération doit être faite en temps frais. Alors, chaque branche jette des racines, et chaque pied prend un grand développement.
			
			« Voici les frais que nécessite cette culture : Il faut choisir un terrain sortant de porter des pois ou des vesces, le fumer et le labourer; sitôt la récolte enlevée, lui donner un second labour en février; y mettre le parc aux moutons en mai, renfouir légèrement, ce qui fera un excellent compost qu'il faut estimer à. . . . . 800 fr. l'hect.
			Une pépinière de 12 centiares
			  tout en terreau 100
			Arrachage et repiquage à la main. 50
			Sarclage et remottage 150
			Cueillette des feuilles. 400
			           Total 1500
			
			« Je pense qu'il faudra toujours avoir recours à la petite culture pour les semences, car elles mûriront difficilement en plaine. »

OQUE e la raison.	QUANTITÉ en grammes.	ÉTAT des FEUILLES	PROCÉDÉS suivis.	OBESRVATIONS.	Quantité D'INDIGO obtenu.	Quantité D'INDIGO pour 1000.

NOMS des PERSONNES.	LIEUX de CULTURE.	NATURE du SOL.	MODE DE CULTURE.
M. CLAUDIUS ARNAUDTIZON	Bapeaume.	Sol léger et tourbeux. Prairies de la vallée de Bapeaume.	On a planté, le 9 juin, 12 jeunes plants de Po-lygonum venus sur couche, dans un terrain de prairie marécageuse ; 12 autres dans un bon sol de jardin, sec, fumé et exposé à toute l'ardeur des rayons solaires ; 12 autres enfin sur les co-teaux de craie qui dominent la vallée de Ba-peaume.

Huit jours après le repiquage, les plants de la prairie offraient déjà une belle végétation ; ceux du jardin donnaient quelques signes de reprise ; ceux des coteaux calcaires étaient encore au même point. Un mois après, les premiers étaient en pleine végétation ; les seconds étaient restés stationnaires ; les troisièmes étaient presque morts.

On prit 6 pieds de polygonum parmi ceux du terrain sec de jardin, et 6 parmi ceux du coteau marneux qui n'étaient pas encore morts, et on les transplanta dans la prairie ; 8 jours après ce nouveau repiquage, la végétation se développait sensiblement dans les pieds ainsi transplantés ; et, un mois après, on ne pouvait plus distinguer les pieds qui avaient subi la transplantation de ceux qui avaient été repiqués le 9 juin dans la prairie.

Le 10 août, on fit une cueillette de feuilles sur 10 tiges, et on envoya le produit à l'école de Chimie.

Le 20 août, un fort coup de vent cassa quel-ques tiges et en coucha quelques autres à terre ; on butta tous les sujets, laissant en terre ceux qui avaient été renversés par le vent ; bientôt ceux-ci prirent racine et poussèrent de nou-veau.

Le 15 octobre, la floraison était complète. Les fleurs persistent encore en novembre, mais

ÉPOQUE de la ...aison.	QUANTITÉ en grammes.	ÉTAT des FEUILLES.	PROCÉDÉS suivis.	OBSERVATIONS.	Quantité D'INDIGO obtenu.	Quantité D'INDIGO pour 1000.
août.	963	Feuilles petites et inégales.	Procédé de M.Baudrimont.	....	5,6	5,81

NOMS des PERSONNES.	LIEUX de CULTURE.	NATURE du SOL.	MODE DE CULTURE.
			on n'a pas d'espoir de voir la maturité de graines. Les plants ont tous acquis un superbe développement.

Le 9 juin, on sema également dans les trois sortes de terrain indiquées quelques graines de Polygonum ; elles levèrent parfaitement dans la prairie, et, deux mois après la semaille, les plantes étaient aussi vigoureuses que celles venues sur couche et repiquées. La floraison eut lieu un peu plus tard que pour ces dernières.

On n'a donné d'autres soins à toutes ces plantes qu'un sarclage et un buttage. On n'a jamais arrosé. On n'a fait qu'une seule cueillette de feuille, afin de juger du développement que pourraient acquérir les plantes, et reconnaître si la maturité des graines se ferait mieux. Les feuilles qu'on aurait pu cueillir en second lieu étaient beaucoup plus épaisses et d'un vert plus foncé que celles de la première récolte. Les fleurs ont été excessivement abondantes et très développées.

M. Cl. Arnaudtizon a remarqué que le *Polygonum persicaria*, *hydropiper* et *aviculare*, qui poussent en quantité considérable dans sa prairie, et qui ont même envahi les *polygonum tinctorium*, ne présentent aucune apparence de maturité dans leurs graines, bien qu'ils soient depuis long-temps chargés de fleurs.

NOMS des PERSONNES.	LIEUX de CULTURE.	NATURE du SOL.	MODE DE CULTURE.

NOMS des PERSONNES.	LIEUX de CULTURE.	NATURE du SOL.	MODE DE CULTURE.
M. Lavandier.	Rouen.	Terre de jardin légère.	On a semé, le 1ᵉʳ mars, sur une couche, en recouvrant d'une cloche de verre : vers le milieu du mois, la graine était bien levée ; à la fin du mois, de petits limaçons attaquèrent les jeunes plantes, surtout par le haut. Le 16 mai, on repiqua dans le jardin 50 pieds du Polygonum, en les mettant à 52 ou 56 centim. de distance par tous les sens. On sema une autre partie des graines en avril, dans une serre ; on repiqua à la fin de mai, mais ces derniers plants ne furent jamais aussi vigoureux que les premiers ; ils étaient même faibles et languissants ; les 7 kil. 717 de feuilles envoyées à l'École de chimie, proviennent de 1000 pieds; on a obtenu des graines dans un état complet de maturité.
M. Leblond.	Bois-l'Évêque, canton de Darnétal	Terre forte, argileuse.	On a commencé à semer, dès la fin de février, en pleine terre, en recouvrant la graine d'un bon terreau; la semence avait été perdue; cependant, plus de deux mois après, on vit lever trois plantes de Polygonum, qui furent très long-temps à se développer. A la même époque, on sema en pots placés sous châssis, dans une couche tiède; on avait employé un mélange de terre usité pour les orangers. La végétation fut prompte, mais beaucoup de graines ne levèrent pas, ce que l'on attribue à ce que la couche était peut-être trop chaude ; en résultat, on obtint 17 pieds de Polygonum, qu'on a repiqués en pleine terre dans le courant de mai, à l'exposition du midi ; le

ÉPOQUE de la vraison	QUANTITÉ en grammes.	ÉTAT des FEUILLES.	PROCÉDÉS suivis.	OBSERVATIONS.	Quantité D'INDIGO obtenu.	Puantité D'INDIGO pour 1000.
3 août.	717	Feuilles en partie détruites par les limaçons.	Procédé de M. Baudrimont.	. . . .	3,5	4,87
' envoi 0 sept.	7,000 dont on a employé 6,500 à faire dessécher.	Assez belles feuilles.	Même procédé.	. . . .	3,1	6,20
2 août.	3788	Assez belles feuilles, mais pâles et peu épaisses.	Procédé de M. Baudrimont.	. . . .	20,3	5,30
envoi, octob.	5000.	Feuilles assez belles ; quelques-unes ont acquis une grande	Procédé par l'acide hydrochlorique	. . . .	22,0	4,4

3

NOMS des PERSONNES.	LIEUX de CULTURE.	NATURE du SOL.	MODE DE CULTURE.
			plant est arrivé à 64 et 80 centimres de hauteur, bien garni de rameaux; on a fait une première cueille au commencement d'août; vingt pieds de Polygonum ont donné 3 kilogr. 500 gr. de feuilles. En opérant trois semaines plus tôt, on aurait obtenu un meilleur résultat. On a fait une seconde cueille à la fin d'octobre; elle a produit environ moitié de la première. On a semé de nouvelles graines dans le commencement de juillet; on avait disposé plusieurs rayons dans lesquels on avait recouvert la graine de terreau; les autres n'avaient reçu aucun mélange. Tous les rayons ont levé en même temps sans qu'on puisse remarquer de différence dans la force des plantes. On a cueilli les feuilles à la fin d'octobre; mais, comme on avait semé hors saison, le plant n'a pas pris de développement, et le produit a été infiniment moindre. Cette plante est extrêmement tendre et sujette à casser; mais, en piquant en terre la branche cassée, on obtient un pied aussi vigoureux que la mère plante. M. Leblond pense que si l'extraction de l'indigo n'entraîne pas à de trop grand frais, en admettant seulement un rendement de 5 p. 0/0 sur le poids brut des feuilles, cette plante serait d'un grand produit et de beaucoup supérieure à toute autre culture. Depuis le commencement d'août, on a recueilli de la graine, mais en très petite quantité. M. Leblond pense que si la plus grande partie ne vient pas en maturité, il faut l'attribuer à ce que l'année a été très humide et la chaleur fort rare. Les terres de Bois-Lévêque sont fortes et argileuses, et M. Leblond dit que, pour cultiver

ÉPOQUE de la raison.	QUANTITÉ en grammes	ÉTAT des FEUILLES.	PROCÉDÉS suivis.	OBSERVATIONS.	Quantité D'INDIGO obtenu.	Quantité D'INDIGO pour 1000.
		largeur, mais elles sont pâles.				

NOMS des PERSONNES.	LIEUX de CULTURE	NATURE du SOL.	MODE DE CULTURE.
			avantageusement le Polygonum, il faudrait le semer en avril, en pleine terre, sans mélange, à bonne exposition, en entretenant la fraîcheur de la terre par des arrosements fréquents. Alors on pourrait faire trois cueillettes de feuilles et espérer de voir mûrir la graine.
M. QUEVREMONT.	Château du Taillis, près Duclair.	Bon sol de jardin.	On a semé sur couche dans les premiers jours de mars ; on a repiqué en pleine terre, sur une ligne droite, à 64 centim. d'écartement. Il y avait 40 plantes. La floraison a eu lieu à la fin d'août. On a récolté des feuilles avant la floraison. On aurait pu faire une seconde cueillette, si la gelée n'eût brûlé les feuilles. La graine était mûre du 15 au 20 novembre. Les 40 tiges ont rapporté des graines de manière à pouvoir cultiver 2 à 3 acres.
M. DUBUC.	Save-nelle, canton de Pavilly.	Terre forte, com-pacte et argi-leuse ; fond d'une ancienne mare de cour.	Sur une couche récemment préparée, exposée au midi et abritée du nord par une triple rangée d'arbres, on a semé, le 16 avril, par un beau temps et une température de 10° cent., une certaine quantité de graines, pesant en tont 0 gr. 63. Au bout de 25 jours, le plant parut ; mais ce ne fut que le 17 juin qu'on le repiqua dans un terrain neuf et frais, formant le fond d'une ancienne mare, et où tous les arbustes, ainsi que les dahlias, viennent très bien. Les 63 centigrammes de graine donnèrent 32 pieds de Polygonum. Les pieds avaient généralement 4 feuilles, et 13 centim. de hauteur ; tous n'ont pas

ÉPOQUE de la livraison.	QUANTITÉ en grammes.	ÉTAT des FEUILLES.	PROCÉDÉS suivis.	OBSERVATIONS.	Quantité D'INDIGO obtenu.	Quantité D'INDIGO pour 1000.
3 août.	3,224, sur lesquels 2,500 ont été mis à sécher.	Très belles feuilles.	Procédé de M. Baudrimont.	On n'a opéré, pour l'extraction de l'indigo, que sur 724 gr. de feuilles, le reste ayant été mis à sécher. On a obtenu en indigo...	7,4	10,22
sept.	2,184.	Belles feuilles, bien entières et bien conservées.	Même procédé.	....	18,8	8,60

NOMS des PERSONNES.	LIEUX de CULTURE.	NATURE du SOL.	MODE DE CULTURE.
			également profité ; 10 ont acquis une hauteur extraordinaire et ont présenté une végétation vigoureuse. Les feuilles envoyées au laboratore ont été récoltées fort tard, le 5 septembre et le 20 octobre.
			Le 2 mai, par un beau temps et une température de 16°, M. Dubuc a semé, avec le plus grand soin, une autre portion de graines, du poids de 1 gramme, dans une terre meuble, préparée tout exprès, en passant la terre au crible, après l'avoir mélangée de terreau et de marne fine. Ce terrain était exposé au midi et abrité du nord par un grand mur. Toutes ces circonstances faisaient espérer une réussite ; mais tout a manqué, on ne sait par quelles causes.
M. Dujardin.	Rouen, faubourg St-Sever, rue Méridienne.	Sol sablonneux du rivage de la Seine.	Le sol n'avait jamais subi d'autre préparation que des labours superficiels ; on a fait défoncer à 60 centimètres de profondeur, et ramener à la surface le sable siliceux qui forme le fond du terrain. De cette manière le sol contenait peu d'humus.
			La graine a été semée le 28 mai, dans des rayons de 2 à 3 centimètres de profondeur ; on a recouvert d'un peu de terre. Le 28 juin, les feuilles commençaient à paraître. Le 15 juillet, on commença à arroser, et la végétation s'en trouva infiniment accélérée. Elle alla en croissant jusqu'à la floraison.

ÉPOQUE de la livraison.	QUANTITÉ en grammes.	ÉTAT des FEUILLES.	PROCÉDÉS suivis.	OBSERVATIONS.	Quantité D'INDIGO obtenu.	Quantité D'INDIGO pour 1000.
2 octob.	1,945.	Belles feuilles, végétation vigoureuse.	Procédé par l'acide hydrochlorique	. . . .	7,9	4,06
19 sept.	1782 , sur lesquels on a prélevé 115 gr. pour faire dessécher. On n'a donc opéré que sur 625 gr.	Feuilles peu larges , mais assez épaisses, paraissant provenir de pieds peu élevés.	Procédé de M. Baudrimont.	. . . .	4,2	6,72

NOMS des PERSONNES.	LIEUX de CULTURE.	NATURE du SOL.	MODE DE CULTURE.
			La floraison a commencé le 11 septembre; le 27, les fleurs commençaient à s'ouvrir; le 9 octobre, les fleurs étaient presque toutes épanouies. Enfin, le 9 novembre, elles sont encore plus grosses et d'un rouge plus foncé. Rien n'annonce qu'il doive y avoir fructification.
			On n'a pu faire qu'une seule cueillette, le 17 septembre; elle a été de 1 kil. 782 gr. sur 10 pieds de Polygonum, pouvant occuper 1 mètre carré de surface environ.
			M. Dujardin fait observer, qu'une partie seulement des graines a levé, probablement à cause de la sécheresse.
			Comme son plant n'a pas souffert du froid d'octobre, il pense qu'il aurait pu semer au commencement de mai au lieu de semer à la fin, et qu'en arrosant le semis, il aurait hâté la végétation, assez peut-être pour avoir deux coupes, et peut-être aussi de la graine.
			En grande plantation, l'arrosage étant impraticable, et l'eau étant, suivant M. Dujardin, la condition *sine quâ non* de la réussite du Polygonum, il pense qu'il faudrait prendre un sol de prairie naturellement humide, quelque maigre qu'il fût d'ailleurs.
M. LEHARDELAY.	Imare, canton de Boos.	Terre de jardin. Franche terre, bien engraissée.	On a semé sur couches et sous cloches vers le milieu d'avril; la plante a été enlevée et repiquée au commencement de mai à 75 centim. de distance. On a récolté les feuilles le 18 septembre. La quantité obtenue sur un are ou trois perches environ, mesure locale, a été de 27 kilogrammes. La plante était encore sur pied

ÉPOQUE de la vraison.	QUANTITÉ en grammes.	ÉTAT des FEUILLES	PROCÉDÉS suivis.	OBESRVATIONS.	Quantité D'INDIGO obtenu.	Quantité D'INDIGO pour 1000.
19 sept.	27,000 , sur lesquels on a prélevé 19,500 g. pour faire des-	Très belles feuilles.	Procédé par l'acide hydro-chlorique	.. ..	96,00	12,80

NOMS des PERSONNES.	LIEUX de CULTURE	NATURE du SOL.	MODE DE CULTURE.
			le 14 novembre, et présentait une assez grande quantité de feuilles que l'on pouvait évaluer à 27 kilog. Elle était aussi abondamment fournie de fleurs et de graines. Elle avait une grande vigueur et ne paraissait pas souffrir des approches de l'hiver. M. Lehardelay pense qu'avec moins de soins que ceux qui ont été pris chez lui, on obtiendrait des résultats semblables. Il estime le prix de revient, pour un are, en comprenant la location du terrain et les frais de culture, à 6 fr.
M. l'abbé GOSSIER.	Rouen, rue du Nord.	Sol de jardin calcaire.	On sema, au commencement d'avril, sur couche tiède et sous cloche ; on repiqua, à la fin de mai, dans un sol calcaire de jardin, auprès d'un mur ; les plantes avaient alors 5 à 8 centimètres de haut et 4 à 5 feuilles ; les plantes repiquées n'ont jamais présenté beaucoup de vigueur ; elles ont fleuri en juin, et sont restées dans cet état jusqu'en octobre, époque à laquelle on les a arrachées.
M. DELAQUESNE-RIE.	Saint-André-sur-Cailly, canton de Clères	Terre forte, argileuse et humide.	On a semé sur couche tiède en avril, et on a transplanté dans le potager quand les plants eurent acquis 8 à 10 centimètres de haut. Chaque pied a atteint à peu près 1 mètre de hauteur. La floraison a eu lieu au commencement de septembre. M. Delaquesnerie écrivait, à la date du 7 décembre, qu'il n'avait pas l'espoir d'en récolter de graines.

ÉPOQUE de la Livraison.	QUANTITÉ en grammes.	ÉTAT des FEUILLES.	PROCÉDÉS. suivis.	OBSERVATIONS.	Quantité D'INDIGO obtenu.	Quantité D'INDIGO pour 1000.
	sécher. On n'a donc opéré que sur 7,500.					
3 octob.	610.	Feuilles petites, d'un vert foncé. La plante est entièrement fleurie	Procédé par l'acide hydrochlorique	L'indigo obtenu n'offrait qu'une masse verdâtre, ressemblant tout-à-fait à la chlorophylle ou matière verte des plantes.......... Cette matière verdâtre ne donnait qu'une fort petite quantité de cendres par l'incinération.	1,2	1,96
17 octob.	1,868.	Feuilles moyennes, provenant de plantes en fleur.	Même procédé.	....	4,9	2,62

Des faits consignés dans ce journal et de l'ensemble de tous nos travaux de cette année, nous croyons pouvoir déduire les conséquences suivantes :

1º La moyenne du rendement que nous avons obtenu, pour cette année, en indigo, a été de 0,766 pour cent, ou moins de 1/100ᵉ. Ce chiffre est à peu près celui qui a été indiqué par la plupart des chimistes qui ont expérimenté avant nous.

2º Le rendement a varié notablement, suivant la nature du sol dans lequel le polygonum a été cultivé. Ainsi, dans

Les prairies humifères, le produit a été de   1,65
Les sables très fumés, de.   1,12
Les bonnes terres de jardin, de.   0,79
Les sables non fumés, de.   0,67
Les terres argileuses fortes, de   0,66

D'où il suit que le sol qui paraît le plus avantageux pour la culture du polygonum est celui des prairies humifères, puisque c'est dans cette sorte de terrain que la plante est plus vigoureuse, plus abondante en feuilles et plus riche en matière colorante. Sous ce rapport, on voit que le polygonum se comporte comme les indigotiers de l'Inde, car ceux-ci se plaisent surtout aux bords des rivières, et principalement dans les terrains d'alluvion ou souvent inondés.

Dans notre localité, les feuilles les plus belles et les plus riches en indigo nous ont été fournies par MM. Curmer, Arnaudtizon et Lebret, qui ont cultivé dans les prairies de Saint-Georges-de-Boscherville et de Bapaume. M. Grainville, bien qu'ayant cultivé dans la plaine sablonneuse de Sotteville, a fourni des produits aussi remarquables, parce qu'il a beaucoup fumé.

3º Les feuilles du polygonum ne sont pas également riches en indigo à toutes les époques de la végétation ; la proportion de ce principe va progressivement en augmentant jusqu'un peu avant la floraison ; passé ce terme, elle décroît d'une manière très marquée, et, lorsque les graines sont en maturité, les feuilles ne fournissent plus que la chlorophylle ou matière verte. Ce qu'il y a de certain, c'est qu'avant la floraison, les feuilles nous donnèrent, en moyenne, 1,029 d'indigo, et qu'après la floraison elles ne rendirent plus que 0,538, c'est-à-dire moitié moins.

4° A quelque époque que ce soit de la végétation, les tiges, séparées des feuilles, ne nous ont donné aucune trace d'indigo.

5° Le mode d'extraction de l'indigo des feuilles du polygonum n'est pas indifférent. Dans nos expériences, la production moyenne a été :

> Par le procédé des colonies, de . . . 1,529
> Par le procédé de M. Baudrimont, de 0,889
> Par notre nouveau procédé, de. . . 0,508

Mais l'analyse chimique et des essais de teinture nous ont démontré que ces indigos sont loin d'être au même degré de pureté, et que, sous ce point de vue, ils doivent être classés dans l'ordre inverse à celui de leur plus forte quantité ; si bien qu'en réalité, notre procédé par l'acide hydrochlorique, bien que paraissant fournir moins d'indigo que les deux autres, est cependant le plus avantageux, attendu que son produit est supérieur, tant pour la beauté que pour la pureté ; et, en effet, mis en cuve, l'indigo fourni par ce procédé représente beaucoup plus de matière colorante utile que l'indigo obtenu par le procédé de M. Baudrimont, et surtout que celui obtenu par la fermentation et l'eau de chaux.

6° Il n'est pas indifférent d'employer les feuilles entières ou brisées pour faire les infusions qui doivent en extraire la matière colorante ; car, lorsqu'elles sont brisées ou broyées, elles fournissent sensiblement moins d'indigo que lorsqu'elles sont saines et entières.

7° Lorsqu'on emploie les acides sulfurique et hydrochlorique pour précipiter l'indigo des infusions de feuilles, il ne faut pas en mettre plus de 1 à 2 centièmes du poids des feuilles ; autrement, il y a perte d'une portion de la matière colorante.

8° L'indigo que nous avons obtenu du polygonum nous a paru pouvoir être comparé, pour la qualité, à *l'indigo Bengale cuivré bon ordinaire*, dont le prix est actuellement, mais par exception toutefois, de 20 fr. le kilogramme. En teinture, il nous a donné à peu près d'aussi bons résultats, c'est-à-dire des teintes aussi solides, presque aussi nourries et aussi belles.

9° Les feuilles de polygonum qui deviennent presque bleues par la dessiccation, en raison de l'oxigénation de l'indigotine incolore qu'elles renferment, ne peuvent plus, dans cet état, fournir d'indigo par les procédés qu'on emploie pour les feuilles fraîches.

10° D'après nos expériences et les calculs de plusieurs des personnes qui ont cultivé cette année, dans nos environs, le polygonum, la récolte en feuilles peut être évaluée en moyenne à 12,968 kilogrammes par hectare.

Le rendement moyen en indigo ayant été de 0,766, il en résulte que ces 12,968 kilogrammes de feuilles auraient donné 99 kilogrammes d'indigo, qui, au prix moyen de 15 francs le kilogramme, représenteraient une valeur de 1485 francs.

Or, la moyenne des frais de culture par hectare ayant été de 1553 francs, il en résulte que l'hectare cultivé en polygonum causerait, au cultivateur, une perte de 68 francs, sans compter ce qu'il en coûterait pour l'extraction de l'indigo. Bien qu'il nous manque encore quelques données pour fixer ce prix de revient d'une manière exacte, nous croyons toutefois qu'on pourrait provisoirement porter à 200 francs la dépense d'extraction pour 12 à 15,000 kilogrammes de feuilles.

D'après ces calculs, il n'y aurait donc pas lieu, comme on le voit, à tenter chez nous cette exploitation agricole et industrielle ; mais il est juste de faire observer:

A. Que l'année ayant été très froide, et par conséquent peu

favorable au développement du polygonum, le rendement en feuilles et le produit en indigo n'ont pas été aussi abondants qu'ils le seraient dans une année normale.

B. Que la culture ayant été faite dans toute espèce de terrains, et l'expérience nous ayant appris que les prairies humifères donnent un produit bien supérieur à tous les autres sols, on pourrait compter sur un rendement beaucoup plus considérable en indigo, si l'on cultivait exclusivement dans les prairies des bords de la Seine.

C. Que la culture, dans ces prairies, ayant été faite en tâtonnant et non avec tous les soins qu'on apporterait dans une culture régulière en grand, maintenant qu'on est instruit par l'expérience de cette année, et les cueillettes n'ayant pas fourni, d'ailleurs, tout ce qu'elles auraient pu donner, il y aurait encore à espérer, par la suite, un produit bien plus abondant en feuilles que celui sur lequel nous avons basé nos calculs.

D. Enfin, que les prix de revient d'après lesquels nous avons calculé, sont certainement beaucoup plus élevés qu'ils ne le seraient réellement, si l'on adoptait la culture dans les prairies des bords de la Seine, attendu que la valeur de ces sortes de terres n'est pas, à beaucoup près, aussi grande que celle que nous avons attribuée aux différentes terres sur lesquelles on a expérimenté cette année.

Ainsi, d'une part, il y aurait un rendement bien plus fort, et, de l'autre, un prix de revient plus faible...... Quoi qu'il en soit, nous doutons fort que, dans nos contrées froides, le polygonum devienne jamais une culture bien avantageuse. Cependant, la question réclame encore de nouveaux efforts. Qu'est-ce, en effet, qu'une année d'essais en agriculture? Il nous paraît donc convenable qu'il soit procédé, l'année prochaine, à une nouvelle série d'essais faits d'après les errements que nous venons de poser. En conséquence, nous demandons qu'il plaise à la Société d'ordonner qu'une seconde distribution de graines de polygonum soit faite cet hiver par ses soins , notamment aux propriétaires de prairies analogues à celles de Saint-Georges-de-Boscherville , qui voudront s'engager à cultiver d'après les instructions spéciales qu'elle leur donnera.

D'après ce qui s'est passé cette année , à l'égard de la nouvelle culture dont nous nous occupons , la Société peut compter sur l'empressement et le zèle des agronomes à la seconder dans des recherches qui méritent , à bon droit , la sympathie de tous , puisqu'il s'agit d'acclimater dans notre département cette plante chinoise , dont la matière colorante joue un rôle si important dans nos nombreux ateliers de teinture et d'impression.

§ II. De la Teinture avec les feuilles du Polygonum.

La teinture des tissus avec l'indigo du polygonum n'offrant rien de particulier , et cet indigo se comportant dans les cuves de la même manière que l'indigo des Indes , nous croyons inutile de décrire ici tous les essais que nous avons entrepris sous ce rapport. Nous joignons à ce mémoire quelques échantillons de fil et de calicot teints par nous avec notre indigo, et quelques fragments de ce produit obtenu par notre procédé ci-dessus décrit.

Mais nous pensons qu'il n'est pas sans intérêt de faire connaître les diverses expériences que nous avons tentées pour savoir si les feuilles sèches du polygonum peuvent servir directement en teinture.

Ainsi que nous l'avons déjà dit, ces feuilles, séchées avec soin dans une étuve, ne donnent plus d indigo , lorsqu'on les soumet aux divers procédés d'extraction employés pour les feuilles fraîches ; en effet, dans les liqueurs provenant de l'infusion de ces feuilles sèches , l'eau de chaux et les acides ne produisent qu'un précipité jaune brun ne renfermant que des traces d'indigo. Cela provient de ce que, par la dessiccation, l'indigotine incolore des feuilles fraîches s'est convertie en indigo bleu insoluble qui reste intimement combiné au tissu végétal, à la manière d'une laque insoluble. Bien des faits nous prouvent la grande affinité du ligneux pour les matières colorantes, et il n'y a rien d'étonnant à ce que ce ligneux agisse sur elles comme les autres tissus organiques, et s'en empare avec assez de force pour ne plus les céder à l'eau qu'on fait intervenir. Tous ceux qui ont suivi les opérations de teinture, savent fort bien que, lors du garançage, il faut avoir le soin de ne pas laisser les bains refroidir au contact des tissus teints ; autrement la nuance de ces derniers s'affaiblit, parce que le ligneux de la racine, en grande partie épuisée par le garançage, reprend et fixe solidement une portion de la matière colorante que les tissus avaient d'abord enlevée. C'est encore par suite de cette affinité du ligneux pour les matières colorantes, qu'il est impossible d'épuiser les bois et les racines colorés dans nos opérations ordinaires de teinture, et qu'on éprouve ainsi des pertes considérables de parties colorantes, qui, pour la garance, par exemple, s'élèvent au moins à la moitié de la quantité totale de ces dernières.

Nous avons constaté que les feuilles sèches de polygonum, mises en cuve chaude avec de la chaux, du son et de la garance, c'est-à-dire traitées comme les feuilles de pastel ou de vouède, fournissent des teintes bleues, claires il est vrai, mais qui ne sont pas à dédaigner, et que, sous ce rapport, elles sont bien supérieures aux feuilles de pastel, encore employées dans la teinture des laines, dans les cuves dites *cuves au pastel*.

Voici comment furent montées nos cuves avec les feuilles de Polygonum.

Dans un vase cylindrique, en tôle, de la capacité de vingt litres, nous avons introduit les substances suivantes :

15 Kilogrammes d'eau.
500 grammes de feuilles sèches de Polygonum.
40 grammes de garance d'Alsace.
28 grammes de chaux vive.
et 20 grammes de son.

(50)

L'eau fut, préalablement à l'addition des substances,
portée à l'ébullition. On pallia la cuve à plusieurs reprises ;
puis on la couvrit avec une grosse toile maintenue par une
planche. On eut soin de l'entretenir à une douce température au moyen de quelques charbons rouges placés au-dessous
du vase en tôle.

Le lendemain, la cuve fut palliée de nouveau et échauf-
fée. Elle ne put teindre que deux jours après sa préparation.
Avant d'y plonger des tissus ou des écheveaux de coton, on
l'élevait à la température de $+ 35$ à $+ 55^{\circ}$. Froide, cette
cuve ne fournit que des nuances très faibles, et, quand elle
est portée à l'ébullition ou près de ce point, elle cède également moins de matière colorante, qu'entre les limites de température que nous venons d'indiquer.

Cette cuve, ainsi montée avec 500 grammes de feuilles
sèches, devait à peine renfermer 2 grammes d'indigo, et
cependant nous avons obtenu, avec elle, même au bout de
3 à 4 minutes, des nuances de bleu clair assez jolies. Ces
nuances devenaient plus foncées, en laissant les tissus plus
de temps dans la cuve ; au moyen de plusieurs immersions
d'une dixaine de minutes chacune, on obtint des nuances
assez nourries, comme le prouvent les échantillons ci-joints.
Il faut, pour épuiser cette cuve, employer un grand nombre
d'échantillons semblables.

La cuve au Polygonum demande certains soins pour être
bien montée. Il faut surtout l'échauffer tous les jours, la
pallier souvent, et y ajouter de temps en temps une petite
quantité de chaux vive.

Nous avons monté une cuve semblable à celle-ci, en
substituant aux feuilles sèches 5 grammes d'indigo du commerce. Conduite de la même manière, elle ne fournit que
des teintes à peine sensibles, probablement parce que l'indigo ne put être désoxigéné par le son et la garance. Dans
la cuve au polygonum, les feuilles, en fermentant, ajoutent à
l'effet de ces dernières substances, et déterminent plus facile-

ment la désoxigénation de l'indigo emprisonné dans le tissu végétal.

Pour déterminer comparativement les pouvoirs colorants des feuilles sèches de polygonum et de pastel, nous avons monté séparément deux cuves avec des quantités égales de ces deux sortes de feuilles, 5oo grammes, et des proportions semblables des autres ingrédiens, comme ci-dessus. Les deux cuves furent traitées de la même manière. On les pallia chaque jour, et on les chauffa bien également.

Les feuilles de polygonum, au bout de trois jours, avaient subi une pleine fermentation et étaient réduites en une sorte de pulpe qui se déposa au fond de la cuve. Le pastel, formé de beaucoup plus de ligneux, était resté en masse volumineuse au sein du liquide.

Les teintures avec ces cuves furent très différentes. La cuve au polygonum donnait de jolis bleus clairs, même au bout de cinq minutes, tandis que celle au pastel ne fournissait qu'une nuance jaune sale dépourvue d'apparence de bleu. Supposant que cette cuve n'avait peut-être pas assez fermenté, nous continuâmes à la chauffer et à la pallier pendant plusieurs jours encore, mais nous n'obtînmes pas de résultats plus satisfaisants.

M Vilmorin fils a avancé que l'on peut monter une cuve à la couperose avec les feuilles sèches de polygonum, préalablement débarrassées de toutes matières solubles dans l'eau, au moyen de plusieurs ébullitions. Nous avons voulu vérifier cette assertion. En conséquence, nous avons monté une cuve avec :

> 15 litres d'eau.
> 150 grammes de poudre de feuilles sèches.
> 115 grammes de couperose.
> 60 grammes de chaux.
> 20 grammes de potasse.

L'eau fut élevée à la température de $+$ 4o à 45°, avant l'introduction des ingrédiens. On pallia plusieurs fois la cuve, mais, ni le lendemain, ni les jours suivants, nous ne pûmes obtenir de nuances avec elle. La liqueur claire, décantée et battue au contact de l'air, donna à peine des traces d'indigo.

Il est probable que la fermentation, faute d'une suffisante quantité de substances organiques, ne peut pas se développer convenablement dans cette cuve, de manière à mettre à nu l'indigo qui est emprisonné dans le tissu végétal.

§ III. Analyse comparative de l'Indigo Bengale et de l'Indigo du Polygonum tinctorium.

M. Bérzélius a fait l'analyse de l'indigo du commerce, et il a reconnu que cette substance tinctoriale renferme, outre *l'indigotine*, trois matières distinctes fort remarquables, à savoir :

Une matière particulière, qui se rapproche beaucoup du *gluten* ;

Une matière brune, dite *brun d'indigo* ;

Une matière rouge, dite *rouge d'indigo*, ou *résine rouge de l'indigo*.

Le chimiste suédois n'a pas déterminé les proportions relatives de ces quatre principes immédiats de l'indigo. (Voir son *Traité de Chimie*, t. 6. p. 53 et suivantes.)

Il était intéressant de rechercher si l'indigo du polygonum tinctorium offre la même composition immédiate, tant sous le rapport du nombre, que sous celui des proportions respectives de ses principes constituants. Nous avons entrepris ce travail, en agissant comparativement sur des poids égaux : 1 gramme d'indigo Bengale cuivré bon ordinaire, et d'indigo du polygonum, obtenu par notre procédé. Voici comment nous avons opéré.

1. L'indigo, réduit en poudre fine, fut mis dans une capsule de porcelaine avec de l'eau aiguisée d'acide sulfurique ; on fit bouillir pendant une demi-heure environ. La liqueur du polygonum, que nous appelerons *liqueur A*, se colora en

rouge orangé très vif; il fallut répéter les ébullitions avec de nouvelle eau acide, pour épuiser l'indigo de toutes matières solubles. — L'indigo Bengale, que nous appelerons B, ne donna à l'eau qu'une légère teinte jaune.

La dissolution A renfermait le *gluten* de Berzélius, et une matière colorante d'un rouge vif, soluble dans l'eau, qui n'existe pas dans l'indigo ordinaire. Pour isoler cette matière colorante, on évapora la liqueur A jusqu'à siccité dans une capsule de platine, et on traita le résidu par l'éther, qui enleva presque toute la matière colorante rouge. Cette matière obtenue sèche par l'évaporation de sa dissolution éthérée, pesait 0,034.

Quant au *gluten*, il fut mis en contact avec de l'alcool bouillant, et la solution fut évaporée jusqu'à siccité. Le résidu jaunâtre avait tous les caractères assignés par Berzélius au *gluten de l'indigo*. Il était soluble dans l'eau, et nullement gluant; il brûlait avec une flamme fuligineuse; sa dissolution aqueuse se putréfiait en répandant une odeur infecte au bout de quelques jours. C'est bien à tort, suivant nous, que cette matière a reçu le nom de *gluten*, car la plupart de ses caractères sont fort différents du *gluten* des céréales.

Quant à la dissolution B, elle fut évaporée à siccité dans une capsule de platine; le résidu fut traité par l'alcool, et la solution alcoolique évaporée pour avoir le *gluten sec*, dont le poids fut moindre que celui extrait de la liqueur A.

2. Le *brun d'indigo* est encore plus abondant dans l'indigo du polygonum, que dans l'indigo ordinaire. Nous l'avons obtenu, en traitant, par la potasse caustique, l'indigo épuisé par l'eau acidulée. Dès qu'on chauffe un peu, le mélange se gonfle et noircit; la liqueur s'épaissit tellement, qu'il devient difficile de la filtrer, à moins de l'étendre d'une certaine quantité d'eau; filtrée, elle a une couleur d'un brun foncé. Traitée par l'acide sulfurique, elle laisse déposer des flocons très abondants, d'un brun foncé. Les flocons provenant de

l'indigo du polygonum, étaient volumineux et remplissaient la moitié du verre, tandis que ceux fournis par l'indigo Bengale, nageaient en petite quantité dans la liqueur. Ces flocons ont été débarrassés de la petite quantité d'indigotine qu'ils renfermaient en mélange, au moyen de la dissolution dans le carbonate d'ammoniaque, l'évaporation à siccité et la reprise par l'eau.

Les liqueurs d'où le *brun d'indigo* a été séparé, au moyen de l'acide sulfurique, contiennent encore un peu de gluten qu'on isole en les saturant par le carbonate de chaux, filtrant, évaporant à siccité, et reprenant le résidu par l'alcool.

3. Pour déterminer la proportion de la *résine rouge d'indigo*, on fit digérer, dans de l'alcool, les indigos épuisés successivement par l'eau acidulée et par la potasse caustique. A froid, l'alcool se colore à peine. A la suite d'une ébullition pendant une demi-heure, l'alcool, en contact avec l'indigo du polygonum, prit une couleur rouge tellement foncée, qu'il ne laissait plus passer la lumière au travers de sa masse. L'alcool qui réagissait sur l'indigo Bengale, se colora beaucoup moins.

Il faut d'assez nombreux traitements par l'alcool bouillant, pour épuiser l'indigo de toute sa matière rouge. Les liqueurs alcooliques laissent déposer un peu d'indigotine par le refroidissement. En les évaporant à siccité, après refroidissement et filtration, nous obtînmes la *résine rouge* en écailles d'un rouge brun très foncé Elle retient, dans cet état, un peu de *brun d'indigo*.

4. Les indigos, privés, par les procédés ci-dessus décrits, du *gluten*, du *brun* et du *rouge* d'indigo, ne renfermaient plus que de *l'indigotine* et des *matières salines* ou inorganiques. Comme il est impossible, ainsi que nous nous en sommes assurés à plusieurs reprises, de ne pas perdre une portion notable d'indigotine, lorsqu'on cherche à l'isoler à l'état de pureté, nous avons renoncé à déterminer directement la proportion de ce principe, et nous nous sommes

contentés de soumettre les indigos, déjà traités comme il a été dit, à la calcination au rouge pour détruire l'indigotine, et obtenir la proportion des matières minérales.

5. Enfin, pour avoir la quantité d'eau hygrométrique contenue dans les deux sortes d'indigo, nous en avons fait dessécher 1 gramme de chaque, à la température de 100°, jusqu'à ce qu'il n'y ait plus de perte de poids.

En résumé, voici la composition que nous croyons pouvoir assigner aux deux espèces d'indigo que nous avons voulu comparer :

INDIGO BENGALE CUIVRÉ BON ORDINAIRE.		INDIGO DU POLYGONUM TINCTORIUM.	
Eau.	5,7	Eau.	6,8
Gluten ou matière azotée.	1,5	Gluten	1,8
Brun d'indigo	4,6	Matière colorante rouge soluble dans l'eau	3,4
Résine rouge.	7,2	Brun d'indigo	8,5
Matières minérales.	19,6	Résine rouge	15,6
Indigotine bleue.	61,4	Matières minérales	14,8
		Indigotine bleue.	49,1
	100,0		100,0

Comme on le voit, l'indigo du polygonum est plus impur que l'indigo Bengale cuivré bon ordinaire. La richesse de ces deux indigos en indigotine pure est sensiblement dans le rapport de 4 à 5. Au reste, ce rapport aurait singulièrement varié, et sans doute à l'avantage de l'indigo du polygonum, si nous l'avions comparé à d'autres sortes d'indigo du commerce, et surtout aux indigos d'Oude, de Manille, d'Égypte, de Guatimala et de Caraque, car les proportions d'indigotine varient beaucoup dans les différentes sortes d'indigo de ces localités. Le temps ne nous a pas permis de faire toutes ces analyses comparées.

§ IV. ANALYSE DE LA FEUILLE DU POLYGONUM TINCTORIUM.

Il nous restait à déterminer la composition chimique des

feuilles du Polygonum. L'analyse en a été faite de la manière suivante :

1° Cent grammes de feuilles fraîches ont été pilés dans un mortier de porcelaine et arrosés d'eau distillée. La liqueur d'un vert d'herbe rougissait la teinture de tournesol. Jetée sur un filtre, elle y laissa une matière verte assez abondante, passa claire, mais encore colorée en vert.

Cette liqueur et les eaux de lavage furent réunies dans une cornue en verre, munie d'une alonge et d'un ballon, et soumise à une distillation lente. Pendant cette opération, des flocons d'albumine se sont coagulés en entraînant la matière colorante verte; au bout d'un quart d'heure, le liquide ne conservait plus qu'une teinte jaune rougeâtre.

A. *Liquide distillé.* Le liquide distillé était incolore, il avait une odeur fortement aromatique, due à une huile essentielle, très âcre, dont une petite quantité surnageait le produit de la distillation. Cette huile précipitait l'or de ses dissolutions et ne laissait pas de résidu par son évaporation sur une spatule de platine.

Le liquide rougissait sensiblement la teinture de tournesol. Pour reconnaître la nature de l'acide qui avait passé à la distillation, on neutralisa le liquide par un peu de carbonate de potasse pur, et on évapora à siccité dans une capsule. Le résidu salin et blanc, arrosé d'acide sulfurique, dégagea une forte odeur d'acide acétique.

Il n'y avait aucune trace de soufre dans le liquide distillé; il ne donnait aucun trouble par la plupart des réactifs.

B. La liqueur de la cornue fut filtrée pour recueillir l'albumine coagulée et colorée par de la chlorophylle. Par des traitements répétés avec l'alcool bouillant, on sépara toute la matière verte, et on décolora parfaitement l'albumine, dont le poids, à l'état sec, fut de 1,20. Chauffée sur une lame de platine, elle se charbonna, et laissa, après sa calcination, un résidu à peine sensible formé de chlorures alcalins.

C. La liqueur, séparée de l'albumine colorée par la filtration, avait une teinte jaune rougeâtre, comme nous l'avons dit. On l'évapora jusqu'à siccité dans une capsule de platine. Le résidu d'un jaune brun pesait 10,4. Il était très soluble dans l'alcool, qu'il colorait en rouge, et un peu moins dans l'éther. Sa dissolution aqueuse fut précipitée par l'acétate de plomb. Il se déposa une laque brune qu'on lava à l'eau distillée et qu'on délaya ensuite pour la soumettre à un courant d'hydrogène sulfuré, de manière à séparer tout l'oxide de plomb. On filtra et on évapora la liqueur filtrée au bain-marie jusqu'à siccité. Il resta une matière colorante jaune rougeâtre, du poids de 5,4.

Cette matière colorante a pour caractères distinctifs d'être très soluble dans l'eau, de précipiter en brun par l'acétate de plomb, et en brun noir par les sels de fer. Les acides rendent sa couleur plus claire ; les alcalis la brunissent. Elle ne laisse aucun résidu par la calcination ; elle donne, d'ailleurs, tous les produits pyrogénés propres aux matières non azotées.

La liqueur C, débarrassée de cette matière colorante, fut évaporée jusqu'à siccité et traitée par l'alcool. Le liquide alcoolique fournit un résidu salin composé de chlorures et de nitrate de potasse. Ce qui ne fut pas dissous par l'alcool, fut repris par l'eau pour enlever les sels et la matière gommeuse. On sépara cette dernière de la dissolution par une suffisante quantité d'alcool faible.

On détermina les proportions du chlore et de l'acide sulfurique contenus dans les sels solubles dans l'eau, en précipitant les liqueurs par le nitrate d'argent et le chlorure de barium. Les proportions des bases ne furent déterminées qu'en faisant l'analyse des cendres. Pour cela, on incinéra 5 grammes de feuilles sèches dans un petit creuset de platine. Ils laissèrent un résidu blanc pesant 0,84. Ce résidu faisait une vive effervescence avec les acides, à cause du carbonate de potasse provenant de la destruction du nitrate et de l'acétate de potasse. Analysé par les moyens ordinaires, il nous donna des poids déterminés de carbonate et sulfate de potasse , de chlorures de potassium , de calcium et de magnésium , de phosphate de potasse et de silice.

2. Le suc des feuilles renferme aussi de l'acide malique , probablement à l'état de malate de potasse. Voici comment nous avons reconnu l'existence de cet acide :

Le suc des feuilles fraîches , débarrassé de son albumine et de sa chlorophylle, par l'ébullition, fut précipité au moyen du sous-acétate de plomb. Il se forma un précipité assez abondant et coloré en brun. Ce précipité, bien lavé, puis délayé dans l'eau , fut soumis à un courant d'hydrogène sulfuré. On filtra le liquide, puis on l'évapora à siccité Le résidu très acide , et encore un peu souillé de matière colorante, refusait de cristalliser ; il précipitait par l'eau de baryte, et non par l'eau de chaux ; il donnait un précipité blanchâtre lamelleux avec le nitrate mercureux et l'acétate de plomb.

3. Les feuilles sèches, réduites en poudre et soumises à l'action de l'éther dans un petit appareil de déplacement, donnent une teinture brune, d'une forte saveur astringente, qui laisse, par l'évaporation spontanée , une matière ayant tous les caractères de l'acide tannique. Cet acide fut purifié et obtenu à l'état de petites plaques jaunâtres.

4. Nous avons dit que le suc des feuilles fraîches laisse sur le filtre une matière verte assez abondante. Cette matière fut complètement épuisée par de l'alcool, et les teintures très colorées qu'on obtint furent réunies à celles qui provenaient du lavage de l'albumine colorée en vert. Le filtre, lui-même, fut soumis à l'ébullition avec de l'alcool , afin de recueillir toute la chlorophylle. Toutes les liqueurs alcooliques bouillantes, décantées et réunies, laissèrent déposer, par le refroidissement, de la cire colorée par un peu de chlorophylle ; on purifia cette cire par des lavages à l'alcool froid ; on en obtint 2,32.

Les liquides alcooliques d'un beau vert qui renfermaient la chlorophylle , furent évaporés à siccité. Le résidu d'un vert foncé pesait 6,1.

La matière épuisée par l'alcool bouillant, ne consistait plus qu'en débris ligneux colorés en bleu par l'indigo des feuilles. Par la calcination du ligneux, on obtint un résidu terreux, formé de silice et de carbonate de chaux.

L'impossibilité de séparer complètement l'indigo du ligneux auquel il est intimement attaché, nous fit renoncer, après bien des tentatives, à l'idée de doser directement l'indigo, d'autant plus que, par les différents procédés d'extraction essayés par nous, et répétés pendant plusieurs mois, nous savions d'ailleurs la proportion moyenne d'indigo qu'on peut admettre dans les feuilles fraîches.

En combinant les résultats obtenus par l'analyse des feuilles fraîches et sèches du Polygonum, avec les observations que nous avons faites pendant l'extraction en grand de l'indigo de ces feuilles, nous croyons pouvoir représenter, ainsi qu'il suit, la composition des feuilles fraîches de cette plante.

Eau	66	66
Ligneux	7	40
Indigo (y compris le gluten, le brun et le rouge d'Indigo)	1	00
Matière colorante jaune rougeâtre soluble dans l'eau		
Matière colorante rouge soluble dans l'alcool et dans l'éther	'5	40
Chlorophylle	6	10
Cire	2	32
Albumine	1	20
Gomme	0	90
Tannin	0	40
Nitrate de potasse	0	64
Acétate de potasse	2	94
Chlorure de potassium	0	60
— de calcium	0	71
Sulfate de potasse	0	81
Phosphate de potasse	0	42
Silice	1	54
Principe aromatique ou huile essentielle âcre		
Acide acétique libre		
Malate de potasse	0	96
Chlorure de magnésium		
Carbonate de chaux		
	100	00

Une dernière question se présente ici. A quel état se trouve l'indigotine dans les feuilles fraîches du polygonum ?

Il n'est pas douteux pour nous, qu'elle y existe à l'état d'indigotine incolore et soluble. Nous pourrions citer bien des faits à l'appui de cette opinion ; nous nous bornerons à rappeler le suivant, car il suffit, ce nous semble, pour lever tous les doutes à cet égard.

Lorsqu'on choisit des feuilles fraîches, bien saines, bien développées et cueillies avant la floraison, et qu'on les fait digérer pendant une heure ou deux sous de l'eau à + 30°, on obtient une liqueur légèrement colorée en jaune brun, et d'une parfaite limpidité. Cette liqueur, isolée des feuilles et passée au travers d'une toile serrée, ne présente aucune matière floconneuse en suspension. Si, alors, on l'agite au contact de l'air, avec ou sans addition de chaux ou d'un acide, elle laisse déposer peu à peu des flocons d'indigo bleu, dont la quantité augmente à mesure que le contact de l'air est plus parfait.

Or, puisque l'indigo bleu est insoluble dans l'eau, et qu'il se sépare ainsi des liqueurs de macération, il est bien évident que ce n'est pas à l'état bleu qu'il existe d'abord dans ces liqueurs, et par suite dans les feuilles.

Et cela est si vrai, que, lorsque les feuilles de polygonum viennent à sécher au contact de l'air, elles prennent peu à peu une teinte bleuâtre, et offrent enfin de nombreuses taches d'un bleu intense. Cet effet se produit bien plus rapidement si le tissu des feuilles est déchiré. Dans cet état de coloration, elles ne cèdent plus aucune trace d'indigotine à l'eau qu'on fait digérer sur elles ; si bien qu'il est réellement impossible d'en extraire de l'indigo, en suivant les procédés au moyen desquels on le retire des feuilles fraîches.

Ces faits très faciles à constater suffisent assurément pour rendre évidente l'existence de l'indigo à l'état d'indigotine incolore et soluble, dans le tissu intact des feuilles en pleine végétation.

Les observations microscopiques que nous avons faites

plusieurs fois vers la fin du mois d'août, confirment l'opinion que nous venons d'émettre ci-dessus :

1º Après avoir pris, sur le limbe d'une feuille fraîche de polygonum, une lame mince de tissu cellulaire, nous la déposâmes sur le porte-objet d'un bon microscope, et nous observâmes cette lame successivement avec diverses lentilles. Dans les premiers instants de l'observation, on trouvait chaque cellule parfaitement transparente ; la paroi était seulement tapissée d'une mince couche de chlorophylle, qui présentait quelquefois (dans les feuilles les plus gauffrées et les plus développées) quelques reflets bleuâtres. Lorsque cette lame se desséchait, chaque cellule se colorait d'abord en bleu clair, sans perdre complètement sa transparence ; quelques globules de forme sensiblement sphérique, et légèrement ombrés sur les bords, apparaissaient; puis ces globules devenaient bientôt d'une opacité parfaite, avant d'avoir atteint le bleu intense, auquel ils arrivaient quelques heures plus tard, après avoir été plusieurs fois et successivement humectés et desséchés. Nous n'avons jamais observé, dans la disposition relative de ces globules à l'intérieur d'une même cellule, rien qui nous indiquât une loi.

2º Après avoir traité les feuilles fraîches du polygonum par l'eau bouillante, puis cette eau par l'acide chlorhydrique, nous déposâmes une goutte de la liqueur sur le porte-objet du microscope, et nous observâmes la production du bleu. Alors nous remarquâmes que les globules, après leur formation, étaient animés d'un mouvement de convergence, duquel résultait un mode d'agrégation en forme de dents de peigne autour d'un axe; quelquefois ces dents, elles-mêmes, servaient d'axes à d'autres dents plus petites, et leur ensemble prenait, dans ce cas, la forme d'un petit flocon de neige. Quand, par suite d'agitation, les globules avaient été séparés, le repos de la liqueur les ramenait à des positions relatives, semblables aux précédentes.

www.ingramcontent.com/pod-product-compliance
Ingram Content Group UK Ltd.
Pitfield, Milton Keynes, MK11 3LW, UK
UKHW022123070726
13613UKWH00003B/1224